Shen zhen
In the
Ecological
Control Line

A Bird's-Eye View of the Hometown

用飞鸟的目光看见家园

———————————————— 生态控制线里的深圳

方向文化 主编

深圳报业集团出版社
SHENZHEN PRESS GROUP PUBLISHING HOUSE

统　　　筹	南一方　郭　倩　禹浩轩
文 字 编 撰	曲　赟　易　进　殷秀明
摄 影 作 者	南兆旭　曲　赟　易　进　殷秀明
	张林康　张灿武　吕牧华　罗亚琴
	田穗兴　黄　立　汪　洋　刘美娇
	徐忠镭　刘慧科　唐健帅　丁庆林
	齐涵志　林志健　谢联士　林　江
	师建伟　李玉珠　老　沙

序

　　科学家爱德华·威尔逊（Edward O.Wilson）推断，当人类愿意留出一半面积的陆地和海洋作为自然保护地时，可让当地 80% 现存的生命物种得以延续。

　　深圳位于北半球生物多样性最丰富的地带，在漫长的年代里，在这片郁郁葱葱的大地上，曾经行走着大象、华南虎、云豹、穿山甲和赤狐；在蔚蓝的海面下，曾经游弋着鲸鱼、海豚和儒艮（rú gèn）——也就是我们说的"美人鱼"。随着人类的不可阻挡的进击和扩张，它们在不同的年代里彻底消失了。

　　2005 年 11 月 1 日，深圳迈出了"深圳的一小步，中国的一大步"，正式颁布《深圳市基本生态控制线管理规定》和《深圳市基本生态控制线范围图》，将 974.5 平方千米的土地划入基本生态控制线，明文规定基本生态控制线内严禁开发和建设，保障深圳的基本生态安全，维护生态系统的完整和连续，控制城市建设的无序蔓延。深圳是国内第一个通过政府规章形式明确城市生态保护控制界线的城市，这个人口密度极高、土地稀缺昂贵的城市，却将接近 50% 的土地面积列入生态保护，这无疑是一项先行先锋的举措。

　　这本《用飞鸟的目光看见家园——生态控制线里的深圳》，这一系列"飞鸟的目光"组成的航拍影像，是在高空中记录下的，它们不仅是这个城市的美景，还是万物寄生的家园；它们见证了这座城市的自我克制、自我约束，也展现了这座城市的远见与卓识。

深圳市基本生态控制线范围图（2013）

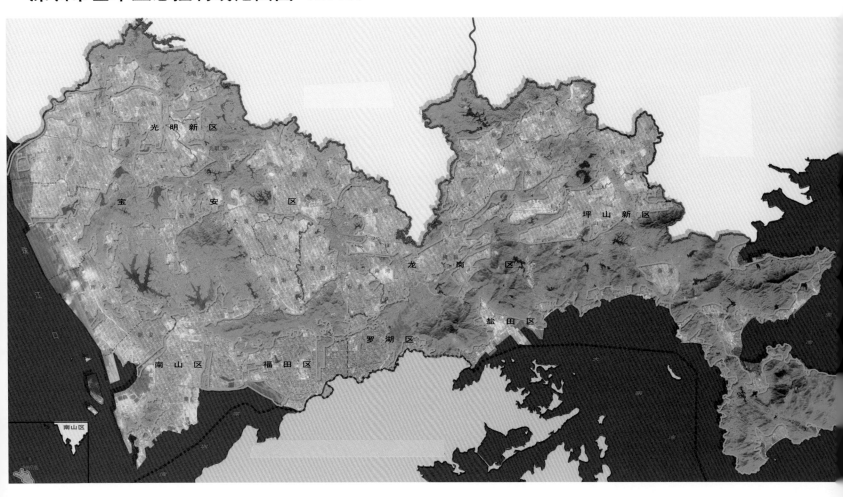

光明新区

宝　安　区

坪山新区

龙　岗　区

盐田区

罗湖区

南山区　　福田区

南山区

基本生态控制线范围（2013年颁布实施）

目 录
Catalogue

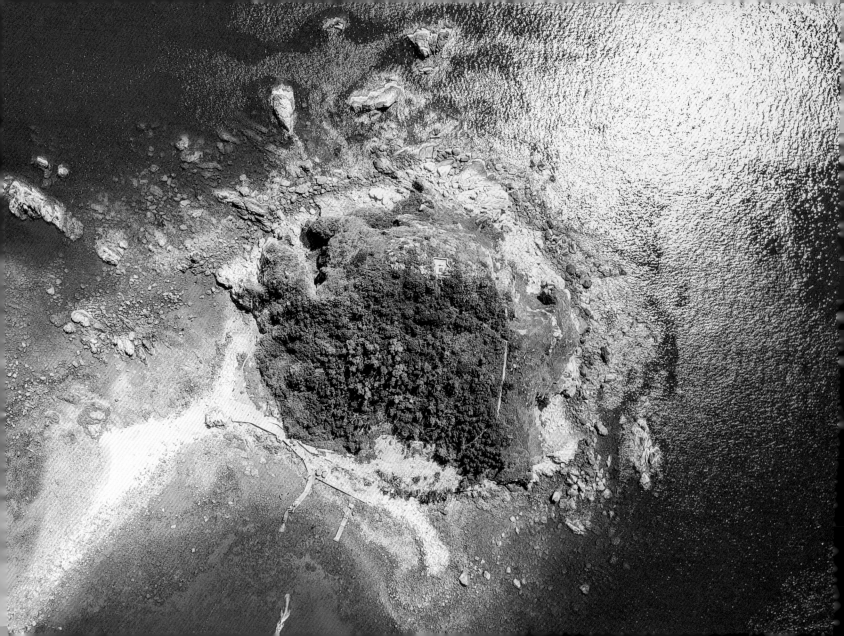

深圳大鹏半岛
国家地质公园

　　1.45亿—1.35亿年前，侏罗纪到白垩纪多次火山喷发作用形成的中生代火山地质遗迹和2万—1万年前形成的典型海岸地貌景观组成了深圳大鹏半岛国家地质公园的地形地貌。大鹏半岛国家地质公园以七娘山为主体，岩石类型多样，包括流纹岩、凝灰岩、集块岩等各种火山作用形成的岩石，是进行火山地质知识科普的天然课堂；沙滩、砾石滩、海蚀崖、海蚀柱等海岸地貌景观种类齐全、发育完整，是中国典型的岬湾式海岸地貌。

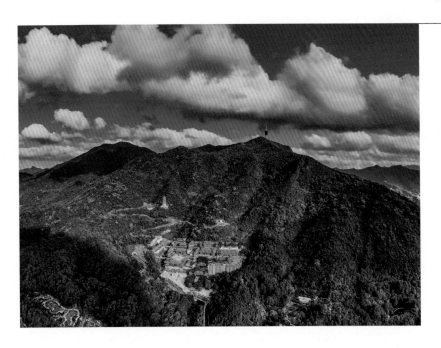

梧桐山
风景名胜区

　　梧桐山是深圳唯一的国家森林公园，也是这个城市的母亲河——深圳河的发源地。最高峰大梧桐海拔943.7米，是深圳市第一高峰。

　　在大约 2000 万人居住的都市里，有这样一座山，是深圳的幸运。梧桐山延绵的山谷、潺潺的溪流、茂密的丛林，为难以计数的动植物提供了栖息地，为缤纷的生命提供了家园和庇护所，包括大到上百斤的野猪和小到朝生暮死的蜉蝣。梧桐山紧邻市区，为深圳人提供了一个锻炼身体、调节心情的去处；它丛林茂密，每天吸收数千吨二氧化碳，释放数千吨氧气，是深圳的"空气净化器"和"调节器"。

内伶仃岛
自然保护区

　　内伶仃岛位于广东珠江口伶仃洋东侧，处在深圳、珠海、香港、澳门之间，距离深圳蛇口仅 17 千米，是深圳面积最大和生态保护最好的海岛。全岛总面积 554 公顷，主要保护对象为国家 II 级保护兽类猕猴及生境。

　　这里被称为"猕猴王国"，内伶仃岛上约有 20 个猴群，1200 多只猕猴。有 200 多种猕猴能吃的食源植物，还有鸟蛋、昆虫、蚯蚓、蚂蚁等。

　　岛上的动物资源十分丰富。除了猕猴，还有虎纹蛙、三线闭壳龟、豹猫、蛇雕、黑耳鸢、褐翅鸦鹃等国家重点保护动物。

　　同时，这里也是名副其实的"蛇岛"。蟒蛇、眼镜蛇、竹叶青、金环蛇、银环蛇……广泛分布。

　　岛上植物种类繁多，保存着较完好的南亚热带常绿阔叶林。其中有白桂木、水蕨、野生龙眼和野生荔枝等珍贵植物。

福田红树林自然保护区

　　福田红树林自然保护区是全国唯一处于城市腹地，同时也是面积最小的国家级自然保护区。

　　这里是深圳湾的最后一片原生红树林湿地，守护着鸟儿的家园和背后的城市。

　　在福田红树林自然保护区，有沼泽、浅水、海上森林等多种景观，人们在冬日常常能见到"千鸟齐飞"的黄昏美景，以及红树婆娑、鱼翔浅底的美好画面，在闹市中保留的那份原始、静谧，充分展现了城市与自然和谐共存的一面。

　　每年冬天，有近 10 万只长途迁徙的候鸟在深圳湾越冬和停歇，这里已成为鸥鹭翔集的主要观赏点，是市民亲近自然的好去处，也是推广生态文明理念的主要区域。

广东深圳华侨城国家湿地公园

　　这块只有 0.68 平方千米的宝地，是在深圳经济特区一轮又一轮填海工程之后，留下的一小片绿洲，镶嵌在拥挤的"水泥森林"中。滩涂、红树林为多样的生命提供了栖身之处。在这里，每一种生命身上，都体现着物竞天择的独门智慧，这片小小的湿地，就是它们展示智慧的竞技场。

Mountain forest: the green heritage of nature

山林：大自然留给深圳的绿色遗产

莲花山

　　塘朗山脉的东南角有一片丘陵，形状犹如一簇盛开的莲花。在这片丘陵的最高点，矗立着一位老人的塑像，纪念他"在中国的南海边画了一个圈"，将封闭的边防县城向世界开放。这就是深圳十大名片之一的邓小平塑像。莲花山紧邻深圳最繁华的CBD，与市民中心、音乐厅等大型公共建筑隔街相望，1600多种植物、200多种昆虫、60多种林鸟、30多种两栖动物和爬行动物，共同栖息在194公顷的城市中心绿地上。深圳改革开放40年的辉煌成就，站在海拔100米的莲花山顶一览无余。身披风衣、大步前行的老人，俯瞰着都市沧海桑田的变迁，注视着四季日月风雨的交替。

塘朗山

  延绵 15 千米的塘朗山脉，横贯深圳中心市区，犹如繁华都市里的一艘绿色方舟。有 1000 多种植物，2000 多种昆虫，上百种鸟儿，几十种两栖动物和哺乳动物，在这艘漂浮在钢筋水泥、玻璃幕墙间的巨轮里繁衍生息。

马峦山

　　马峦山位于深圳市东部山区之中，东西纵深 15 千米，南北宽约 2 千米，有着蓝眼睛般的水库 7 个，大大小小的溪流数十条，已发现的野生植物近千种，单是国家重点保护鸟类就有 12 种。静看叠嶂，动观飞流，唯马峦山。

碧 岭

　　瀑布群位于盐田区三洲田与龙岗区坪山交界处的碧岭村，碧岭瀑布直流而下冲击形成的水潭，被当地村民称为"龙潭"。龙潭瀑布奔流而下的溪水，冲刷着溪边大大小小的石头，清澈亮眼的潭水，被微风轻轻拂开，水波一纹纹地荡漾而开，好似孩童空灵的笑声一般，回荡在碧岭山谷之中，落成一幅跳出城市之外的诱人画面。

羊台山

　　羊台山森林公园位于深圳市原特区内的西北部，地处深圳市行政版图的中心位置，总面积28.52平方千米。2004年，"羊台叠翠"被评为深圳八景之一。

　　羊台山是深圳西部的最高峰，2020年6月更名为"阳台山"。公园内有中小型水库5座，山泉溪流20余条，是深圳市石岩河、白芒河和麻山河等河流的发源地，是石岩水库、西丽水库和铁岗水库的上游水源地。公园中野生动植物资源丰富，据调查统计，有高等植物114科452种，脊椎动物82种，拥有国家重点保护的动植物8种。

七娘山

　　一座繁华的都市里能有一座长满荒草的山岭是多么幸运！由1亿多年前古火山喷发而成的七娘山，无疑是深圳最秀丽的山峰。穿过缥缈的云雾，可以远眺南面的西涌海滩和赖氏洲岛。

　　七娘山位于深圳市大鹏新区南澳街道新大社区，是大鹏半岛南岛的主要山峰，海拔869米，占地20万平方米。

　　10年前，因为频发的登山事故，政府全面封山。10年的封山，令大自然显示了自我修复的强大力量。如今，草木茂盛，野生动物资源更加丰富，七娘山成为一片没有被人类大规模侵扰伤害的净土。

银湖山
郊野公园

　　银湖山拥有距离深圳市中心最近的一片原始生态林。目前，银湖山郊野公园尚在建设中，公园内沟深林茂，森林覆盖率达95%，最高峰——鸡公山海拔445米，矗立在深圳湾东北部，与东部海拔943.7米的大梧桐、西部海拔430米的塘朗顶一起构成一条繁华都市里的绿色的风景线。

聚 龙 山

　　站在坪山与坑梓交界处眺望，云雾之中光影流动，似龙行，似浮城，聚龙山生态公园便藏身于此。和"聚龙"之名的庞大气势不同，公园之中随处可见嬉闹的生灵、葱郁的树木。温柔的阳光拥抱着湖水，小鱼在水中悠闲地吐着泡泡，波光粼粼的水面上掠过远方而来的觅食候鸟，在高楼的簇拥之下，一切都显得如此宁静和雅致。

红花山公园

　　曾有人这样形容红花山：倘若把光明区喻为一位清雅灵动的少女，那么，坐落在区域内的红花山就是她妩媚动人的一颗美人痣。位于公明的红花山公园是深圳最北端的一个精致的山体休闲公园。山峰上的一座高9层的明和塔及塔脚下的天梯是红花山最具特色的主体建筑。沿着1005步台阶拾级而上，两边林木郁郁葱葱，有荔枝树、樟树、杧果、桂花、榕树等常绿乔木。各种花草和树木肆意晕染整片山林，在微风吹拂下向人挥手致意。

燕子岭
生态公园

    环境创造了人类，人类依赖环境而生存，然而越来越严重的环境污染正将人类的洁净生存空间不断压缩。深圳这座新型城市，在建造之初，就已经将环境保护纳入规划之中，现在的深圳更是有令其他城市羡慕的蓝天白云。燕子岭生态公园位于坪山区大工业区中心地带，公园在原有山体的基础上进行建设，制高处山峰海拔百余米，南侧被有"坪山母亲河"之称的坪山河环绕。由于山间森林茂密，形成了得天独厚的小气候。

梧桐山毛棉杜鹃

　　"永远属于你"是杜鹃花的花语。相传，古有杜鹃鸟，日夜哀鸣而咯血，染红遍山的花朵，杜鹃花因而得名。梧桐山毛棉杜鹃是世界上唯一自然分布于特大城市市中心的大树杜鹃，也是世界唯一自然分布海拔最低的大树杜鹃，还是深圳市唯一的乔木型杜鹃。

梧 桐 烟 云

　　高耸入云的深圳电视塔是小梧桐的标志性建筑。在海拔 692 米的小梧桐上，常年云雾缭绕，时而轻烟淡抹，时而浓雾成盖。有人说："云瀑山间动，宛如天际来。"这样雄伟壮观的山势与变幻莫测的云瀑，如果不是有合适的视角和时机，人们恐怕难得一见。

Reservoir:
a mirror
hidden in
the mountains

水库: 藏在深山之中的"明镜"

深圳水库

　　自香港开埠以来，缺水问题一直困扰着香港市民。为解决香港缺水问题，广东省政府决定在深圳兴建水库，供水香港。1965年3月，深圳水库正式竣工。自此，作为东深供水工程的重要节点，深圳水库为持续、稳定地向香港提供水源发挥着至关重要的作用。如今，水库的生态控制线外，已成为成熟的社区。而库区，依然山清水秀。深圳水库不仅是深圳、香港的主要水源地，也因其景色宜人，成为周边居民休闲的好去处，被人们誉为"一泓碧水润鹏城"。

梅 林 水 库

　　梅林水库，位于深圳市福田区。梅林水库三面青山环抱，山腰建有绿道，分别通向南山区和罗湖区，是户外爱好者喜欢的徒步线路。水库旁的山谷里生长着被称为"活化石"的仙湖苏铁，它是深圳唯一一种国家一级保护野生植物。

西 丽 水 库

　　"水光潋滟晴方好，山色空蒙雨亦奇。"远眺西丽水库，山、水是西丽水库最美之所在。塘朗山与西丽水库之间，是深圳高等教育事业的起步区，已经成为深圳这个城市中学与高校最为密集之地。

三 洲 田 水 库

　　三洲田离喧嚣的城市只有咫尺，却完全是一个别有洞天的世界，被称为"深圳的世外桃源"。三洲田水库位于深圳盐田区大梅沙、小梅沙及坪山区之间，已成为深圳人假日休闲的最佳去处。水库岸线随山盘曲，水面烟波浩渺，翠冈掩映。库区空气清新，水库的东北侧有五级瀑布，落差达百米，石壁凌空，飞花溅玉。三洲田一带现存大量原始次森林，环境幽静清新。

罗 田 水 库

　　罗田水库位于深圳市的最北端，与东莞接壤，紧邻罗田森林公园。罗田水库山岭环抱，草木丰美，水质洁净，形成了生机勃勃的人工淡水湿地。

公明水库

　　群山环抱中的公明水库气势恢宏 。公明水库是深圳市建市以来建设的第一座库容超亿方的大型水库，是深圳第一个国家级水利风景区，媲美杭州西湖，成为深圳市民向往的休闲旅游胜地。作为深圳西北部最大的"水缸"，公明水库总蓄水量相当于3座深圳水库。

大山陂水库

　　大山陂水库位于坪山区，是深圳市一级水源保护区，周边生态环境受到严格的保护。整个库区水光山色，绿意盎然，和不远处的泰和塔两相呼应。在蓝天衬托下，泰和塔红色塔身庄严、肃穆，颇有点滕王阁的气势。2017 年，依托大山陂水库建设的主题公园正式向游人开放，人们可以在这里倚着栏杆，静静地享受午后的凉风。

甘 坑 水 库

　　悠悠的深圳河养育了深圳这块土地上最早的先祖。位于牛尾岭旁边的甘坑水库正是深圳河的重要蓄水库，为近 500 万龙岗人民提供着最干净的水源。

River wetland: "emerald necklace" in Shenzhen

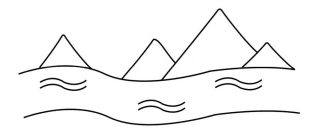

河流湿地：深圳的"翡翠项链"

深圳河

　　"百川异源，皆归于海。"从梧桐山牛尾岭出发，穿城而过的深圳河，也是流经香港最长的河流，自东北向西南贯穿深圳，在香港米埔附近流入深圳湾。深圳河是深圳与香港的界河，见证了两地的百年历史。

　　"深圳"一词的意思是"深深的水沟"。择岸而居，靠水生活，深圳河畔是这片土地上的先祖最早的落脚处，深圳河是这个城市的母亲河。

　　深圳河流域面积 312.5 平方千米，其中深圳一侧占 60%，香港一侧占 40%。北岸繁华热闹的深圳与南岸寂静的香港形成强烈对比。

茅洲河

　　茅洲河是深圳市第一大河，发源于深圳境内的羊台山北麓，在沙井民主村流入珠江口伶仃洋，是深圳与东莞的界河。

大 沙 河 生 态 长 廊

　　秋日的大沙河畔，碧波荡漾、白鹭群飞。大沙河生态长廊联通羊台山、塘朗山森林生态系统与深圳湾生态系统，成为深圳最大的滨水慢行系统，是最亮丽的"城市项链"。

泰 山 涧

　　梧桐山拥有深圳最多的登山径，除去梧桐山管理处修建的近十条登山路外，还有山友们自己走出的数十条线路。泰山涧是最受孩子和家长欢迎的人工登山道，它由14条山涧小溪汇集而成，具有丰富的水资源和植物资源。泰山涧是深圳自然瀑布，流水终点是山下的横沥口水库。

仙湖植物园

　　仙湖植物园位于深圳市罗湖区东郊的莲塘仙湖路，东倚梧桐山，西临深圳水库，占地546公顷，始建于1983年，1988年正式对外开放。仙湖植物园集植物收集、研究、科学知识普及和旅游观光休闲为一体，是中国观赏植物科学研究的重要基地之一。截止到2012年，仙湖植物园共保存植物约8000种，建有苏铁保护中心、木兰园、珍稀树木园、棕榈园、竹区、阴生植物区、沙漠植物区、百果园、水景园、桃花园、裸子植物区、盆景园等20多个植物专类园。

东湖公园

　　建于 1960 年的深圳水库是深港两地的重要水源，是深圳保护得最好的人工淡水湿地。

　　东湖公园原名"水库公园"，是深圳建立最早、面积最大的综合性公园，每年在此举办的菊花展深受市民的喜爱。

洪湖公园

　　洪湖公园号称"千湖之湖"，公园里有许多大大小小的湖泊，每年六七月，湖里几乎开满了荷花，可谓一步一景。它还是非常著名的"打鸟圣地"，许多摄影师会携带"长枪短炮"前来"打鸟"，翠鸟和苍鹭是这里的"明星鸟"。

坪山中心公园

　　城在绿中，这是城市规划设计师们的初衷。坪山区把行政中轴线最重要的一块地规划成了公园。坪山中心公园内，人工湖的水源来自山间溪流和地下水，即便长久不下雨，水源也很充足，一年四季都不会干涸。

　　由美术馆、大剧院组成的坪山文化聚落，紧邻公园而建，与这座敞开式公园构成既现代奇特、又自然和谐的休闲区域。

龙潭公园

　　龙潭公园是深圳最早的人造公园之一。园林植被种类丰富，达 148 种，既有产自中国广西南部、贵州南部、云南东南部及越南北部的蝴蝶果，又有原产秘鲁和巴西的朱顶兰，在北边湖里还有产自埃及的睡莲。

Corridor green space: poetry and far afield in the city

廊道绿地：都市里的诗与远方

梅 林 坳 绿 道

　　梅林坳绿道是广东省2号绿道的组成部分。

　　梅林坳绿道沿梅林水库和塘朗山森林公园而建，早年曾是特区边防线的巡逻道，与原来的"二线关"边防线基本重合。"二线关"巡逻路作为深圳历史发展的见证，在修建绿道时有意保留了其具有历史年份的青石板路和侧面的边防铁丝网，网上爬满了攀缘植物，沿途还有展示深圳历史发展元素的小型博物馆。

鹿 嘴 步 道

　　在深圳，有这样一个地方，它三面环海，屹立于海边的悬崖，它充满着神秘而诱人的原始力量，具有令人心动的淳朴祥和。往来行人在这里带走的是对生活的启蒙与领悟，留下来的，是更多的眷恋和回响。这个地方就是鹿嘴。

　　在每天清晨第一缕阳光洒下之前，一望无际的大海涌起的惊涛拍打着连绵的七娘山山脉，在深圳的最东端，惊喜不断上演。而鹿嘴步道的出现，首次将自然课堂步道在大鹏半岛七娘山和大亚湾之间的海岸线上完美连接，人们得以在深圳生物物种最为丰富的地域，观赏山海风光，感悟千年历史流转。

东仙步道

　　自 2010 年启动绿道建设以来，深圳已经建成
2448 千米的三级绿道网络，绿道密度超过 1.2 千米 /
平方千米，一条条蜿蜒的绿道形成串联城市的绿色骨
架，绘就了深圳的绿色地图。

　　罗湖区绿道 5 号线是深圳独具罗湖特色的徒步路
线，总长约 13 千米，从起点东湖公园南门出发，沿着
深圳水库、梧桐山、仙湖植物园到达梧桐山北的横沥
口水库，串联着深圳最动人的山水精华。

银 湖 山 绿 道

　　建设中的银湖山郊野公园，在保护自然的前提下，尽量利用现有的防火道、护林巡查道以及高压线施工道修建登山道，尽量不破坏植被和山体，依山而建的绿道浑然天成地融入水体和山体之中。

东部滨海栈道

东部海滨栈道，目前建成部分长达 19.5 千米，被誉为世界第一长"海滨玉带"，它西起中英街海滨栈道健身广场，贯穿大梅沙、小梅沙海滩和东部华侨城，终点在背仔角。

天文台山顶栈道

深圳天文台坐落在大鹏半岛与西涌海滩相邻的穿鼻岩之巅，海拔 224 米，面朝大海。600 多个阶梯组成了最美山顶栈道。

香蜜公园

　　位于福田区农林路大湖片区的香蜜公园，隐藏在深圳的闹市之中。周边是热闹的社区和成片的写字楼。从空中俯视，可以看到香蜜公园中别具特色的栈道。穿越栈道，人们可以将自己置身于荔枝林树顶之间，自由恣意地呼吸清新的空气。

　　栈道连接的是被花丛包围而散发着独特芳香的图书馆。这里的一切编织着城市蓝图，书写着人性的光辉，就连浪漫，在这里都常常得以升华。据说，在这里求婚，成功率高达百分之百。

荔枝公园

　　"日啖荔枝三百颗，不辞长作岭南人。"大文豪苏轼曾经为岭南的荔枝代言。当初夏来临之时，深圳便进入了荔枝成熟的时节，位于福田区东边的荔枝公园在这个时候总是会弥漫着果香。园中的 580 余棵荔枝树正是荔枝公园名字的由来。鲜红的荔枝果犹如天边飘荡的片片红云，让人垂涎欲滴，惹人喜爱。微风吹过，湖边垂柳枝叶飘逸，婀娜多姿，让闹市中心在夏日里平添了一分盎然生机，好一片精致的南国风情。

深圳中心公园

　　深南大道、振华西路、红荔路、华富路、滨河路、皇岗路等6条市政道路及福田河穿园而过，却不影响它成为深圳这座繁华都市中心的一片净土。深圳中心公园，占地面积147公顷，呈南北长条形分布，北接笔架山，南临皇岗口岸，长约2.5千米，东西最宽处约800米，故称之为"800米绿化带"。

国际园林
花卉博览园

　　国际园林花卉博览园简称"园博园"，它曾是第五届中国国际花卉博览会的举办地，园中既有精妙绝伦、至善至美的中国古典园林；也有异域风情的外国园林；还有应用现代高新技术、继承发扬古代智慧的中国现代园林。

　　园中栽培植物有 900 多种，绿化覆盖率达 93% 以上。这里是高楼林立的城市中的世外桃源，印证了"自然·家园·美好未来"的公园主题。2005 年，"园博园"被纳入深圳市基本生态控制线范围。

东部华侨城

当都市的步履逐渐急促、喧嚣的大潮层层迭起，人们亲近自然的渴望被重新唤醒。正是人类这种近乎本能的梦想，将回归自然的理想推上了逐级进化的台阶，生态旅游也被推到了一个新的发展高度。阳光、山川、河流、大海……作为一个完整的资源体系，将是人们诗意的理想归属。位于深圳东部的东部华侨城，是国家生态环境部和国家旅游局联合授予称号的首个"国家生态旅游示范区"。

绿 色 平 湖

　　曾经，平湖几乎成了被人们遗忘的角落。近年来，随着平湖交通及产业规划的逐步落实，平湖的价值被重新审视，一个新的平湖轮廓逐渐清晰起来。图中为纵横交错的高速公路穿梭在巨大的绿色植被之中。

珠江口滨海廊道

　　依山傍海的深圳，一直将绿色可持续、宜居城市作为规划建设主线。2005年划定了基本生态控制线，初步实现了生态与都市交织的空间格局。此后逐步发展成为多中心、组团式的生态型城市，形成独具特色的山、海、城相依的城市格局。珠江口滨海廊道串联起海湾、湿地、海岛的生态廊桥，成为容纳近万种野生动物栖居的生态家园。图为游弋在珠江口滨海廊道里的国家一级濒危保护动物——中华白海豚。

淘金山绿道

淘金山绿道起于翠湖社区公园，经布心山、以前的二线巡逻路，终至沙湾路，全长 7.07 千米（其中主线长 6.59 千米，布心山登山道长 0.48 千米），共有 13 处景观节点和 3 个驿站。

从淘金山绿道不仅可俯瞰深圳水库，远眺东湖公园、仙湖植物园，还有 AI 智能加持，Wi-Fi 全覆盖，更有绿道小精灵陪聊天、讲故事、唱歌……

淘金山绿道是一条结合梧桐山生态环境、海绵城市设计，以及智慧绿道建设文化特色的郊野生态型绿色廊道。

Island
coastline:
facing the sea
with spring blossoms

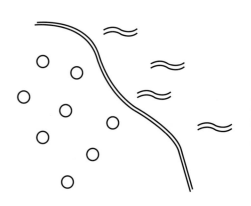

海 岛 海 岸 线： 面 朝 大 海　 春 暖 花 开

深圳湾

　　深圳的海域被大鹏半岛、香港九龙半岛、蛇口半岛分割为大亚湾、大鹏湾、深圳湾和珠江口四个海湾。深圳湾公园是深圳最知名的观鸟地，是全球九大迁徙线路中的重要"中转站"。公园水线附近有黑脸琵鹭、苍鹭、大白鹭、白鹭、反嘴鹬、红嘴鸥等鸟群觅食，常有大群鸟类列队飞行，很适合人们近距离观赏和拍照。

深圳人才公园

　　天空、海洋与林立的高楼在这里达成了蓝色的默契，诉说着优雅和希望。

　　深圳人才公园，毗邻深圳湾超级总部基地，后者汇聚了中国许多知名的企业，"北有中关村、南有深圳湾"，说的就是这里。在总占地面积77万平方米的人才公园里，水体面积约30万平方米，湖泊与中心河相通，承担了排洪蓄水功能，这里同时也是鸟儿的天堂。

大沙河入海口

　　大沙河从深圳最繁忙的干线通道之一——滨海大道下穿过，汇入深圳湾。长期的泥沙冲击和沉淀造就了特殊的自然景观，它与岸边繁忙的交通干道、优雅宁静的公园一起组成城市的亮丽风景。

　　每年10月到来年3月，这里都会聚集大量南下的候鸟。浅海和滩涂上丰富的食物，能让它们长途跋涉后消耗的大量体力得以补充。

红树

　　一棵红树的一生，会遇到无数的磨难。涨潮的海水会淹没低矮的幼苗，让它无法呼吸；退潮会带来干枯，带走养分，它栖息的滩涂湿地脆弱而不稳定，扎根的土地中含有致命的高盐量……面对生存环境的严酷和威胁，红树进化出了应对的办法：它长出密集而发达的支柱根，牢牢扎入淤泥中，形成了稳固的支架；它长出呼吸根，挣扎着伸出水面和污泥，吸取空气；它将体内的盐分聚集在肥厚光亮的叶片里，形成晶体，落叶时，盐分便随树叶脱落；最奇特的是，它还会用"胎生"养育后代，增加种子的生存机会。一片 300 米宽的红树林，可抵御任何风力带来的海浪。红树也是净化空气的有效固碳器，红树林是深圳的绿色宝石。

蛇口渔港

　　蛇口渔港，深圳最为繁忙的渔港，国家一级渔港。每天渔船穿梭，渔民们匆忙奔走，大量的海鲜从这里转运到市区大大小小的水产市场和周边城市，除此之外，城市污水也从这里汇入大海。20世纪八九十年代，蛇口渔港被污水包围，刺鼻的腥味让人不想靠近。而如今，深圳在和大海的对话中达成共识，重新将这里清理改造，让原本市井烟火的蛇口渔港友好地牵手大海，平静、自然、和谐，正是蛇口渔港今日的写照。

盐 田 港

  城市是一个巨大的人为物，但自然是没有承诺的存在。在山海之间生活，有着不同的经验与规则。盐田港是深圳最早的港口，地处深圳东部美丽的大鹏湾畔，属亚热带海洋性气候，四季温和，雨量充足，整个港口犹如一颗璀璨的宝石镶嵌在绿色的群山之间。

小梅沙海滨

　　小梅沙曾经是深圳东部边陲的一个小渔村，虽然仅是一个小渔村，但这里却藏着让人惊叹的自然之美，犹如镶嵌在苍山碧海之间的一弯新月。

西涌

　　深圳拥有 250 千米以上的海岸线。建市后，深圳填埋和开发了 200 多千米的海岸线，余下 40 千米是近乎完美的原生态海岸线。

　　西涌位于大鹏半岛南澳南，其中西涌海滩是深圳最长的海滩，长达 5 千米。银色的沙滩洁白细软，如绸缎般飘逸舒畅。山、海、湖、岬角风光旖旎，青山绿水，海天一色，被誉为中国最美的海景之一。

廖哥角

　　2017年3月12日，一条迷了路的抹香鲸游到了大鹏半岛廖哥角海域，被渔网困住，经过多方努力，最终仍被确认死亡。廖哥角也因此而闻名。这头抹香鲸在地球上最后的几天，几乎全程处在人类关爱的视角之下。彻夜守护它的动物专家、密切关心它的普通民众投来的同情目光，足以感动全世界。其实包括廖哥角在内的附近海域，自古以来都是鲸鱼出没之地，而如今却难以见到鲸鱼；真正值得反思的，是我们与鲸、我们与海洋的关系。

黑岩角

　　黑岩角，在坪西公路的尽头，山之巅海之渊，万年火山岩林立，号称深圳的"魔界"。黑岩角那如巨型焦炭般的岩石，又好似火烧后的树怪，狰狞得让人心惊胆战，我们只能感叹这大自然的鬼斧神工，以及大自然让人叹为观止的巨大力量，使人油然而生敬畏之感。

东涌海柴角

　　东涌海柴角，深圳陆地的最东端，位于大鹏半岛七娘山山脚，大鹏湾和大亚湾的交汇处。每天清晨，它总是会迎来照向深圳的第一缕阳光。

大鹏湾
和大亚湾
最短交界点

　　大鹏湾和大亚湾最短交界点位于南澳半岛。大鹏湾一侧是南澳码头和水头沙海滩，水头沙海滩已全面开发，附近还有一条水产干货街，俗称"咸鱼街"。大亚湾一侧是龙岐湾，龙岐湾被誉为"深圳水上运动发源地"，沙滩延伸十里直至大鹏所城。龙岐湾沙滩中段是闻名珠三角的"住宿小镇"较场尾，这里的游船码头、海洋主题酒店和造型各异的别墅群落，成为一道亮丽的风景线。

赖氏洲岛

在西涌海面上，静静地矗立着一个小岛，原名"赖氏洲"。不知何时，慢慢就有了"情人岛"这个名称。情人岛犹如安静的美少女，静卧在海中间，岸边礁石林立，海浪拍打激起朵朵浪花。小岛周围海底有着深圳海域唯一保存完好的造礁珊瑚群。

出品人　胡洪侠
策划编辑　孔令军
责任编辑　彭春红
责任校对　杨　杰　何杏蔚
书籍设计　吕和今设计 AlloDesign
美术编辑　王进杰

图书在版编目（ＣＩＰ）数据

用飞鸟的目光看见家园 / 方向文化主编 . —深圳 ：深圳
报业集团出版社，2020.10
　ISBN 978-7-80709-921-5

　Ⅰ . ①用… Ⅱ . ①方… Ⅲ . ①自然资源保护－深圳市－摄
影集 Ⅳ . ① X37-64

中国版本图书馆 CIP 数据核字（2020）第 039454 号

深圳市文化创意产业发展专项基金资助项目

用飞鸟的目光看见家园
Yong Feiniao de Muguang Kanjian Jiayuan
方向文化　主编

深圳报业集团出版社出版发行
（518034 深圳市福田区商报路 2 号）
深圳市国际彩印有限公司印刷
2020 年 10 月第 1 版　2020 年 10 月第 1 次印刷
开本：787mm X 1092mm 1/16
字数：120 千字　印张：10
ISBN 978-7-80709-921-5
定价：58.00 元